Part I : Number Blocks

Try to fill in the missing numbers.

The missing numbers are integers between 0 and 9.

The numbers in each row add up to totals to the right.

The numbers in each column add up to the totals along the bottom.

The diagonal lines also add up the totals to the right.

Part II : Math Squares

Try to fill in the missing numbers.

Use the numbers 1 through 9 to complete the equations.

Each number is only used once.

Each row is a math equation.

Each column is a math equation.

Remember that multiplication and division are performed before addition and subtraction.

Part 1
Number Blocks

				26
5		1		20
			8	22
		4	6	20
9				28
24	26	9	31	23

				14

3		3		18
	8			13
2		3		21
3				18

8	33	13	16	14

			5	13
6	3			15
		8		20
1	9			15
11	22	18	12	16

18

	7			24
	2	0		13
9				18
7			5	18

| 32 | 12 | 13 | 16 | 18 |

13

	5		3	19
8			9	22
		1		20
	0			26

28	14	19	26	16

18

		7	8	26
			7	26
0				9
	4		9	17

17	10	27	24	29

19

				2
0			0	
	6	3		19
				19
0		2		11

18	18	8	7	12

		5		11
	8	0		15
	5		1	19
			5	6

12	13	12	14	20

10

				14

9		7		25
		5	4	18
				23
	3		3	8

18	19	21	16	27

	0		0	7
				12
5		0	5	13
	8			16
13	19	10	6	14

8

				17
			5	17
2			2	14
		0		20
2		0		12
15	29	7	12	12

	0			20
2	8			16
			8	31
	4	5		16
18	20	27	18	20

27

			8	23
5				14
	1		2	18
5			1	11
24	8	18	16	15

17

				18
3		6		16
6	0			18
				21
		4	1	

| 21 | 18 | 22 | 12 | 8 |

23

	2	3			25
				5	21
					15
	0	5	0		10
					22
	10	16	18	24	12

	5			22
	6		4	26
2				15
5		3		19

16	18	20	28	16

25

			0	17
	8			22
0		0	2	7
3				15

7	22	18	14	15

13

				21
0			7	15
5				23
	7		1	19
1				11
15	18	15	20	10

				9
1		4		
			5	15
	4		7	12
0				10

5	16	9	16	6

10

				11
8			2	20
3				15
	4			21
		4	8	18
17	24	14	19	25

			9	17
	9	1		16
		2		18
1		3		20

| 8 | 32 | 6 | 25 | 20 |

19

	5			11
		0		15
			5	27
9	6		6	25

| 22 | 23 | 11 | 22 | 17 |

23

				14
				30
		4		10
5		0	2	10
		1	3	6
16	11	14	15	11

	4		6		19
		8		4	23
					26
		8	8		20
	23	31	17	17	14

15

				17
4			3	9
	1	1		7
		3	3	15

18	9	9	12	8

14

				31
9		6		26
				25
0				12
8	4		7	20
22	19	17	25	25

				15
		6	6	15
	4	0		14
	4		0	10

10	16	10	18	6

17

				12
7	6			17
	6			20
9	4	2		18
				15
26	22	10	12	20

			9	16
1				15
5				19
7	7		5	25

| 15 | 24 | 11 | 25 | 20 |

20

				15
				23
7				15
	4	5		17
3	2		3	8
22	8	11	22	17

			6	23
0			9	10
	0			18
	6		4	21

22	11	12	27	19

14

				30
5			7	24
9		7	5	22
		3		15
				18
24	20	19	16	11

				7
6				17
2			9	20
		3		6
	2		9	13
9	15	13	19	21

	5		2	15
6	7			25
0				11
	1			6

| 9 | 18 | 17 | 13 | 16 |

14

			1	20
				18
		5	5	23
	8	6	3	23
14	31	25	14	16

21

				24
9				26
				22
		3	7	23
4	4		1	14
27	14	18	26	14

				24
9	5	3	9	26
5	1	7	9	22
9	4	3	7	23
4	4	5	1	14
27	14	18	26	14

			3	11
6				
			8	22
		8		26
6		0		6

| 23 | 12 | 17 | 13 | 15 |

27

				16
1			0	13
		6		29
		9		22
6	4			22
24	21	28	13	24

	1	9		18
3		1		14
0				10
9				22
20	11	18	15	13

10

		3		17
			8	20
0			6	12
	0		9	14
12	14	13	24	22

| | | | | 4 |

				16
6				16
	9	6		24
			6		20
	1		5	15
18	25	14	18	22

				16
0				11
		5		23
			2	25
	5	1	2	13
21	22	19	10	15

				21
9		5		21
			7	9
	3			18
0		6		23

19	13	12	27	17

10

				16
5		3		
		4		12
		5		14
2	2			20

| 17 | 14 | 19 | 12 | 20 |

9

			0	9
		1		17
	5	6		18
	8		1	16

| 19 | 23 | 10 | 8 | 18 |

10

				17
5				15
6			0	20
				24
1		4	6	18
20	18	29	10	23

				27
		8		27
		4	2	18
				14
	8	3	1	17

| 29 | 18 | 15 | 14 | 13 |

12

			5	23
	2	9		20
9				18
	4		2	19

28	13	27	12	20

18

	8		5	25
	6			16
		6	9	16
0				21
9	21	25	23	26

12

		7		22
		6		20
	2			16
3	8		9	24

| 17 | 20 | 25 | 20 | 26 |

11

				28
0	9		1	18
3			4	21
		5		11

4	28	27	19	20

26

Part 2
Math Squares

Work Puzzle 1

	x		+		10
-	■	+	■	x	
	x		-		22
+	■	-	■	+	
	x		-		2
-3		-1		39	

Work Puzzle 2

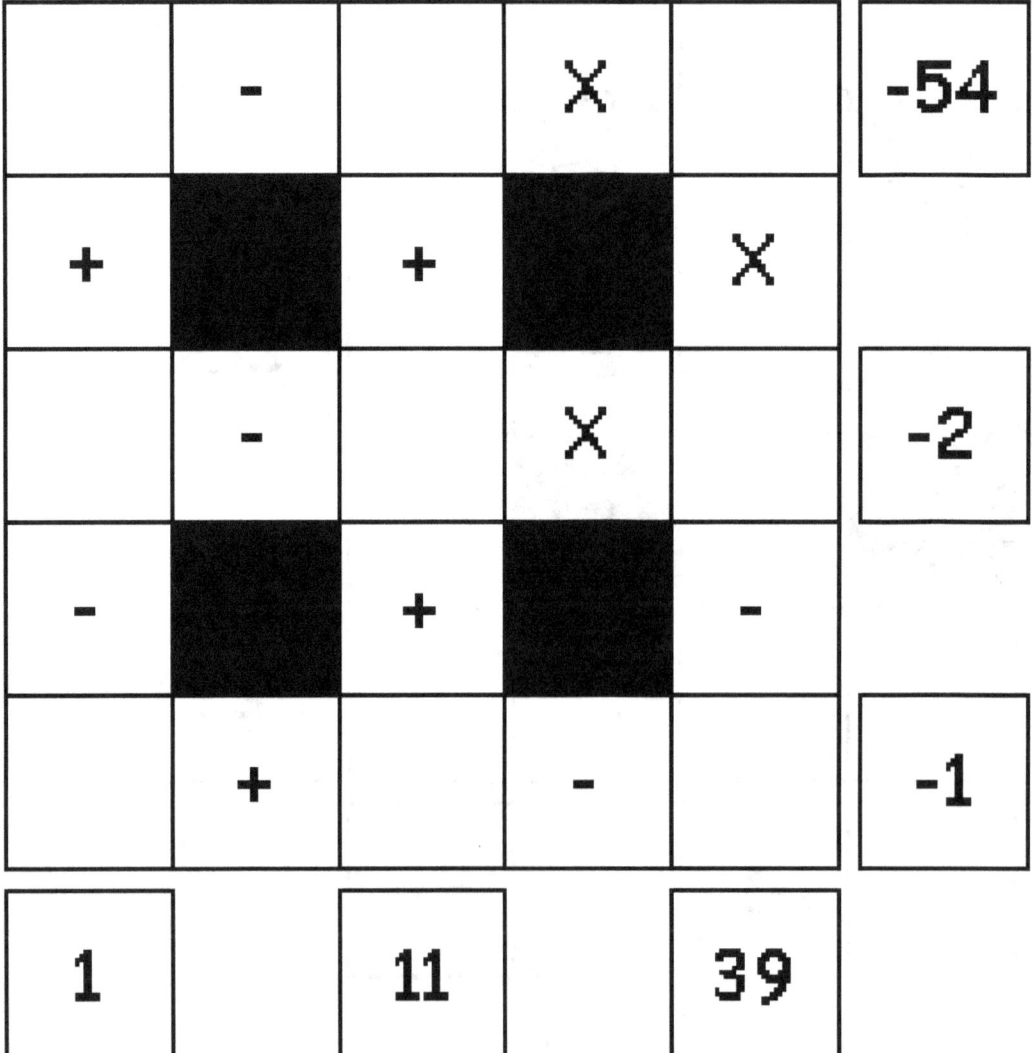

Work Puzzle 3

	x		−		21
+		/		+	
	+		+		10
−		x		−	
	−		x		−67

| 2 | | 18 | | 2 |

Work Puzzle 4

	x		−		11
−	■	/	■	+	
	/		x		3
x	■	+	■	+	
	x		+		29

| −37 | | 5 | | 18 | |

Work Puzzle 5

	x		/		27
x	■	-	■	x	
	x		+		47
+	■	x	■	+	
	+		x		13

| 46 | | -18 | | 18 | |

Work Puzzle 6

	-		+		3
-	■	+	■	/	
	-		-		-1
+	■	+	■	-	
	-		×		-7
-3		17		-2	

Work Puzzle 7

	x		/		10
x	■	x	■	-	
	+		x		30
+	■	-	■	+	
	+		x		73

| 11 | | 16 | | 5 |

Work Puzzle 8

	x		-		4
x	■	x	■	-	
	-		-		-7
+	■	+	■	+	
	-		x		-39
23		10		6	

Work Puzzle 9

	-		+		7
+	■	-	■	+	
	×		+		8
-	■	-	■	-	
	/		-		-5
2		-1		2	

Work Puzzle 10

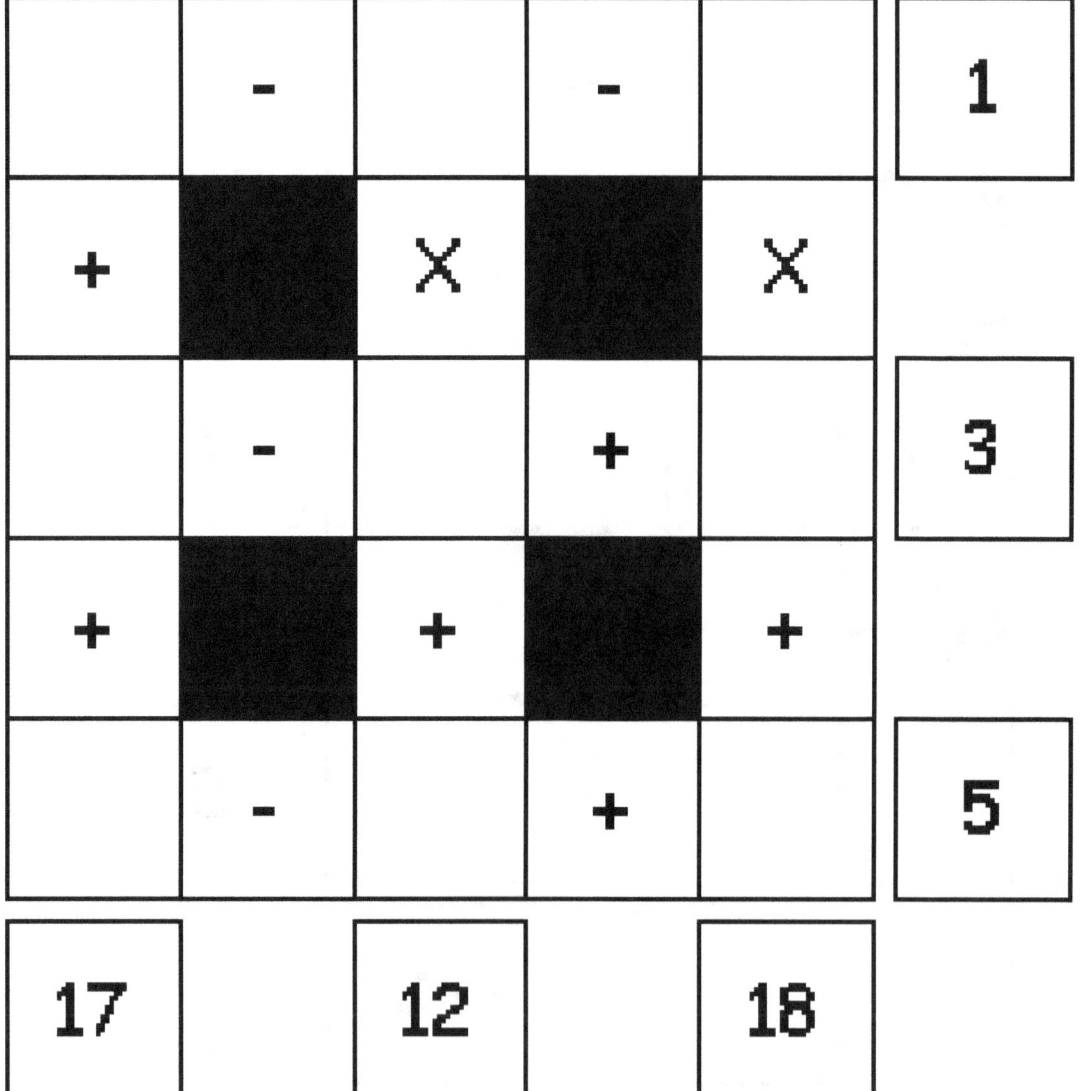

Work Puzzle 11

	+		×		31
+	■	×	■	/	
	×		+		7
+	■	−	■	−	
	+		×		62
12		29		−7	

Work Puzzle 12

	+		−		10
−	■	+	■	/	
	−		+		6
+	■	×	■	−	
	×		−		38
13		12		0	

Work Puzzle 13

	+		−		5
×	■	−	■	−	
	+		−		7
−	■	/	■	×	
	×		+		22
−1		7		−19	

Work Puzzle 14

	+		×		39
×	■	×	■	−	
	+		−		2
+	■	+	■	/	
	×		/		20

| 26 | | 12 | | 6 | |

Work Puzzle 15

	+		−		2
/	■	−	■	/	
	+		×		13
−	■	×	■	×	
	+		+		17
1		−31		36	

Work Puzzle 16

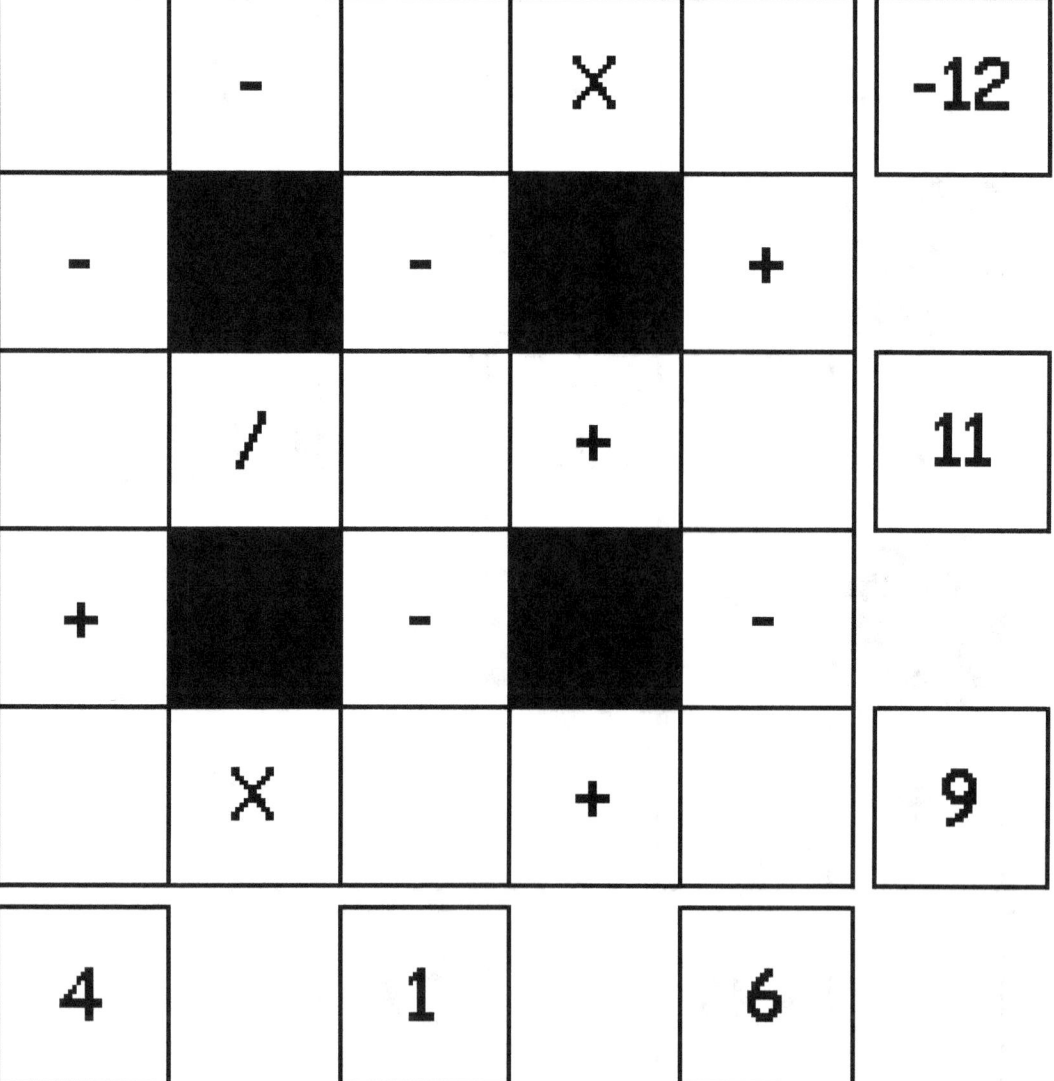

Work Puzzle 17

	−		+		9
−	■	×	■	×	
	×		+		49
×	■	−	■	−	
	+		/		8
−41		1		25	

Work Puzzle 18

	×		+		15
−	■	−	■	×	
	−		+		3
−	■	×	■	+	
	+		/		5
−6		−46		31	

Work Puzzle 19

	+		−		−1
×	■	/	■	−	
	+		×		19
+	■	×	■	+	
	+		×		13
19		16		6	

Work Puzzle 20

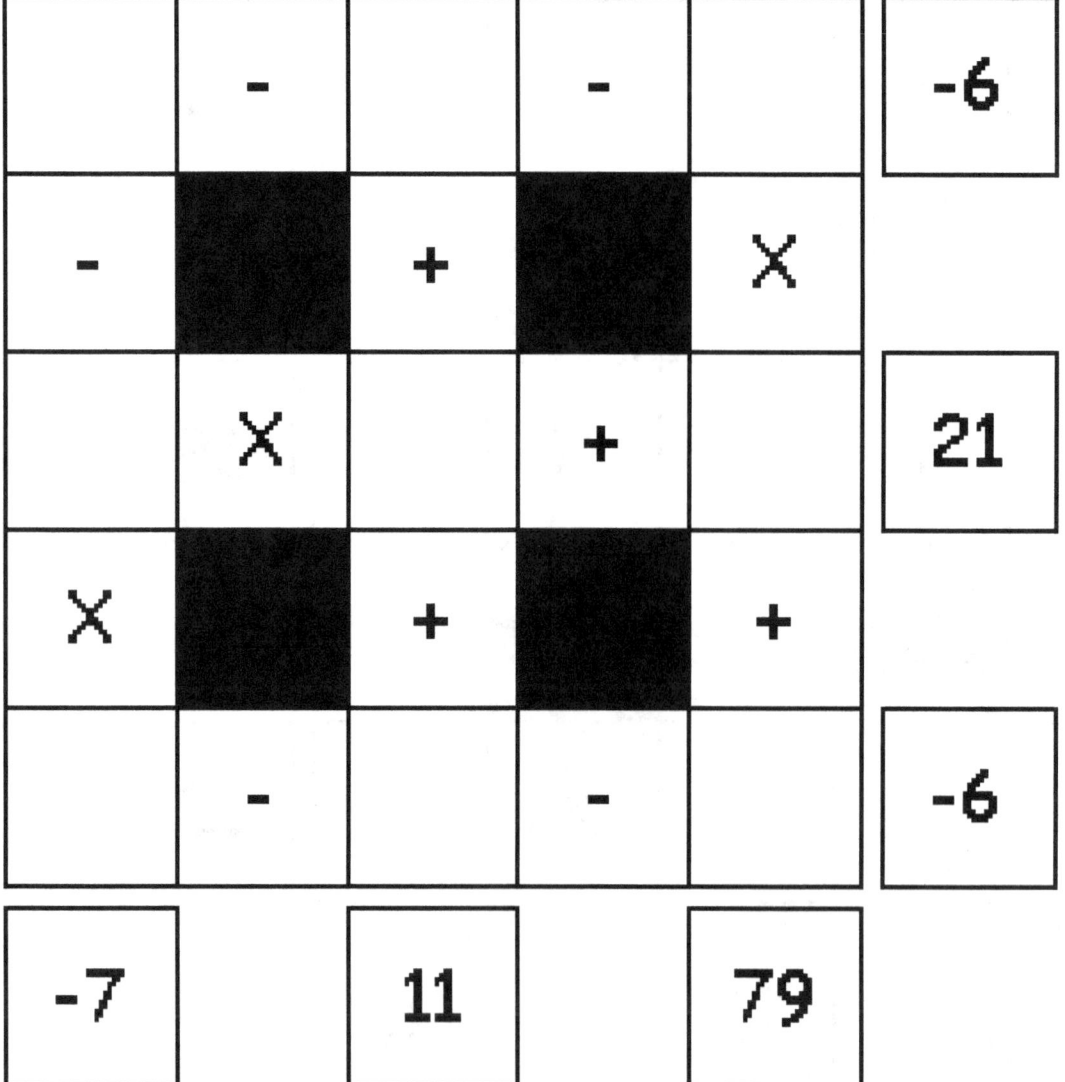

Work Puzzle 21

	x		-		19
+	■	x	■	x	
	+		x		11
x	■	+	■	/	
	x		-		52 |//
50		12		10	

Work Puzzle 22

Work Puzzle 23

	-		-		-5
+	■	-	■	-	
	×		+		61
×	■	-	■	×	
	×		-		-3

| 10 | | -10 | | -41 |

Work Puzzle 24

	+		+		14
×	■	−	■	/	
	×		+		30
−	■	×	■	−	
	/		−		−3
−5		−16		−2	

Work Puzzle 25

	+		×		7
+	■	×	■	−	
	+		+		17
+	■	+	■	−	
	+		−		6
17		16		−14	

Work Puzzle 26

	x		−		39
x	■	+	■	x	
	x		+		49
+	■	/	■	−	
	+		−		5
32		9		26	

Work Puzzle 27

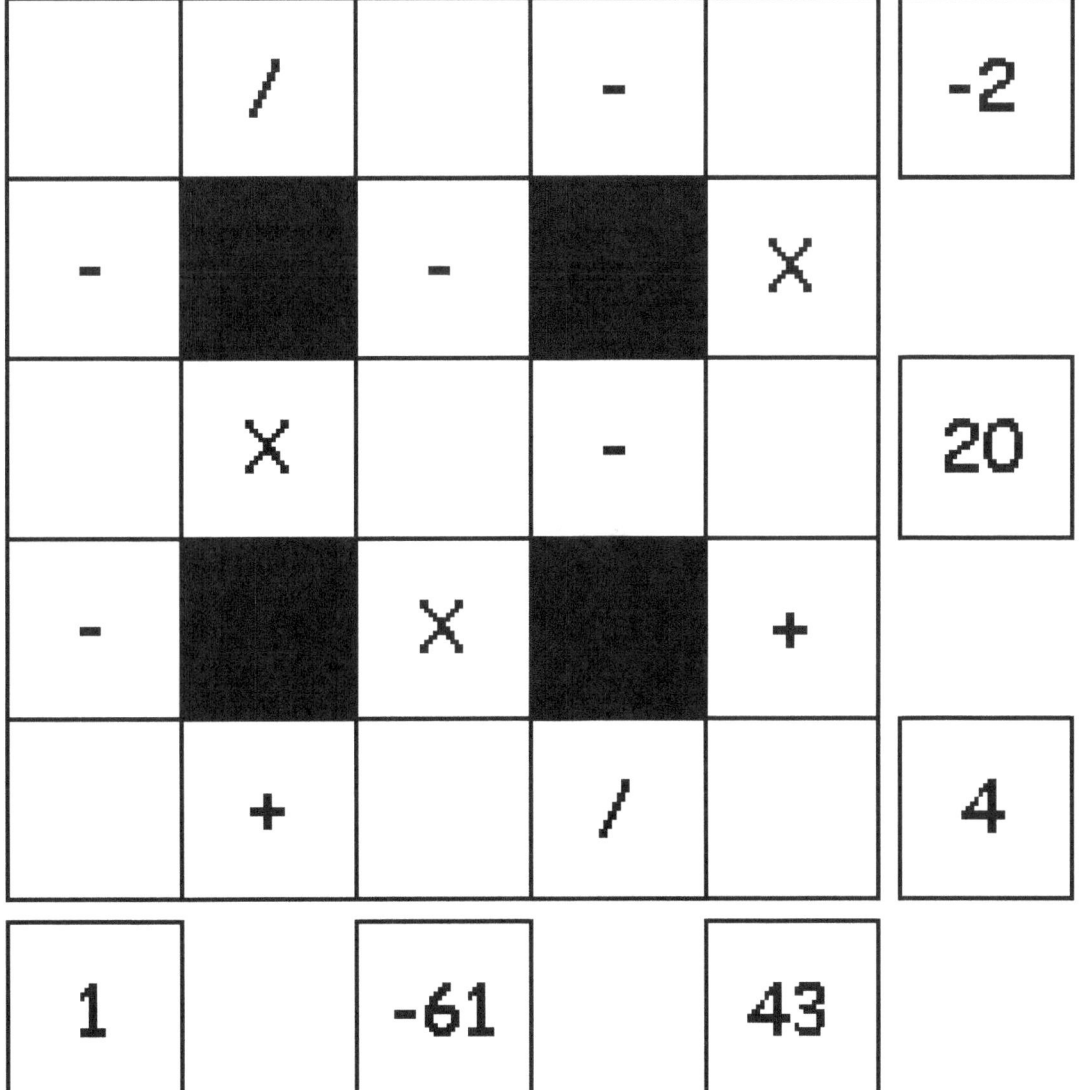

Work Puzzle 28

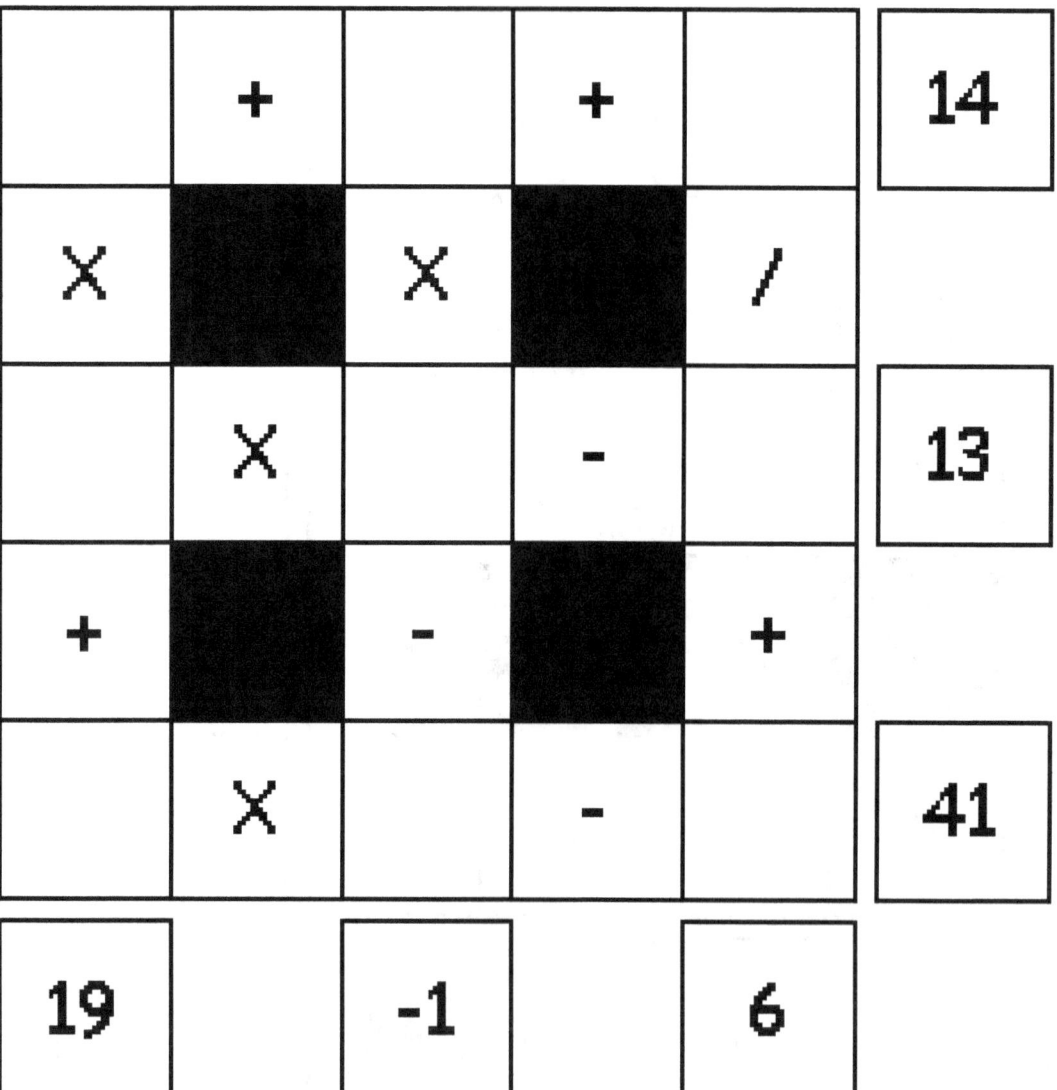

Work Puzzle 29

	×		+		15
×	■	+	■	−	
	×		+		44
+	■	+	■	−	
	−		−		2
15		16		−1	

Work Puzzle 30

	x		−		7
+	■	−	■	−	
	+		x		18
−	■	−	■	−	
	+		x		61

| 10 | | −10 | | −9 |

Work Puzzle 31

	+		+		16
+	■	−	■	/	
	+		+		16
×	■	×	■	−	
	+		×		18
29		−55		0	

Work Puzzle 32

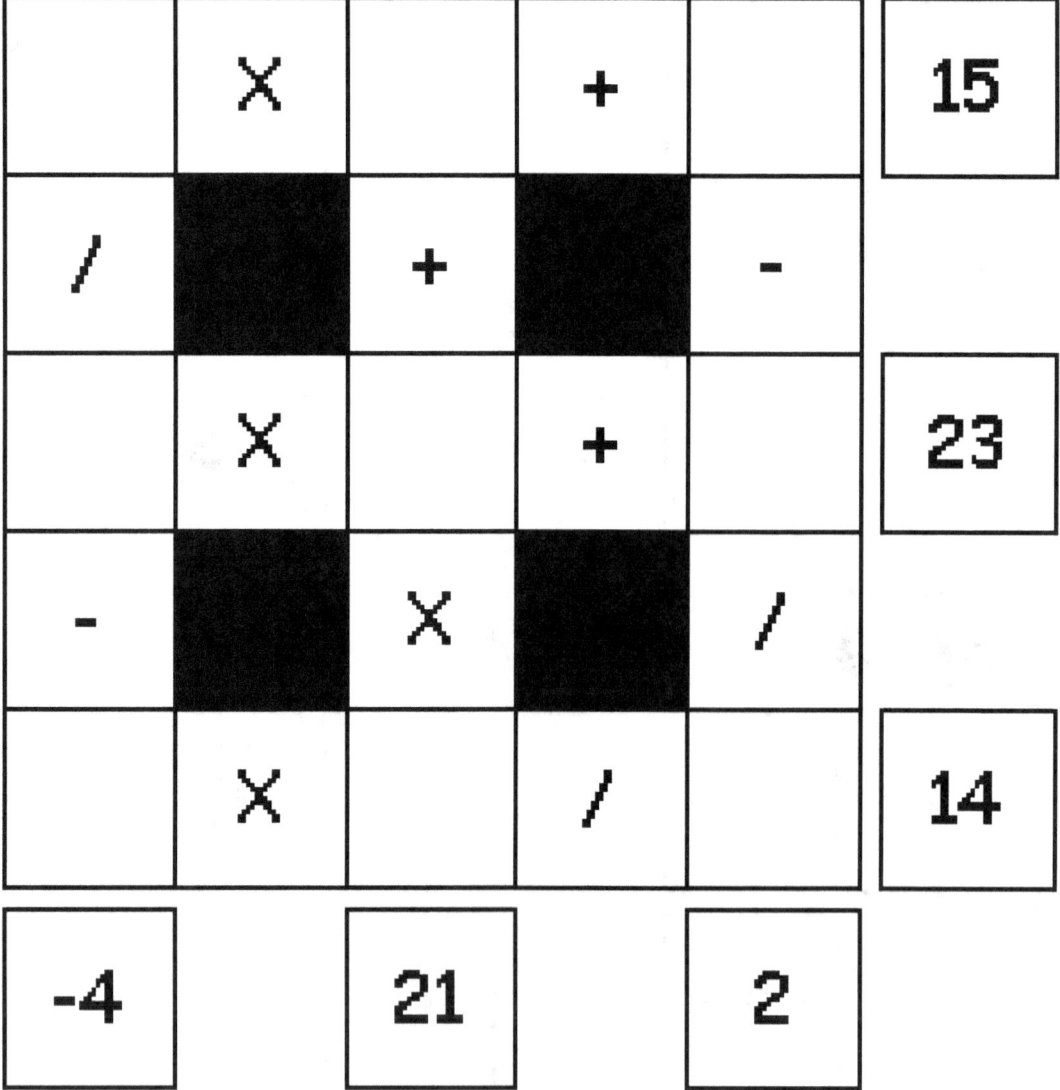

Work Puzzle 33

	×		−		27
+	■	+	■	/	
	+		−		4
×	■	+	■	×	
	−		/		−2
9		20		6	

Work Puzzle 34

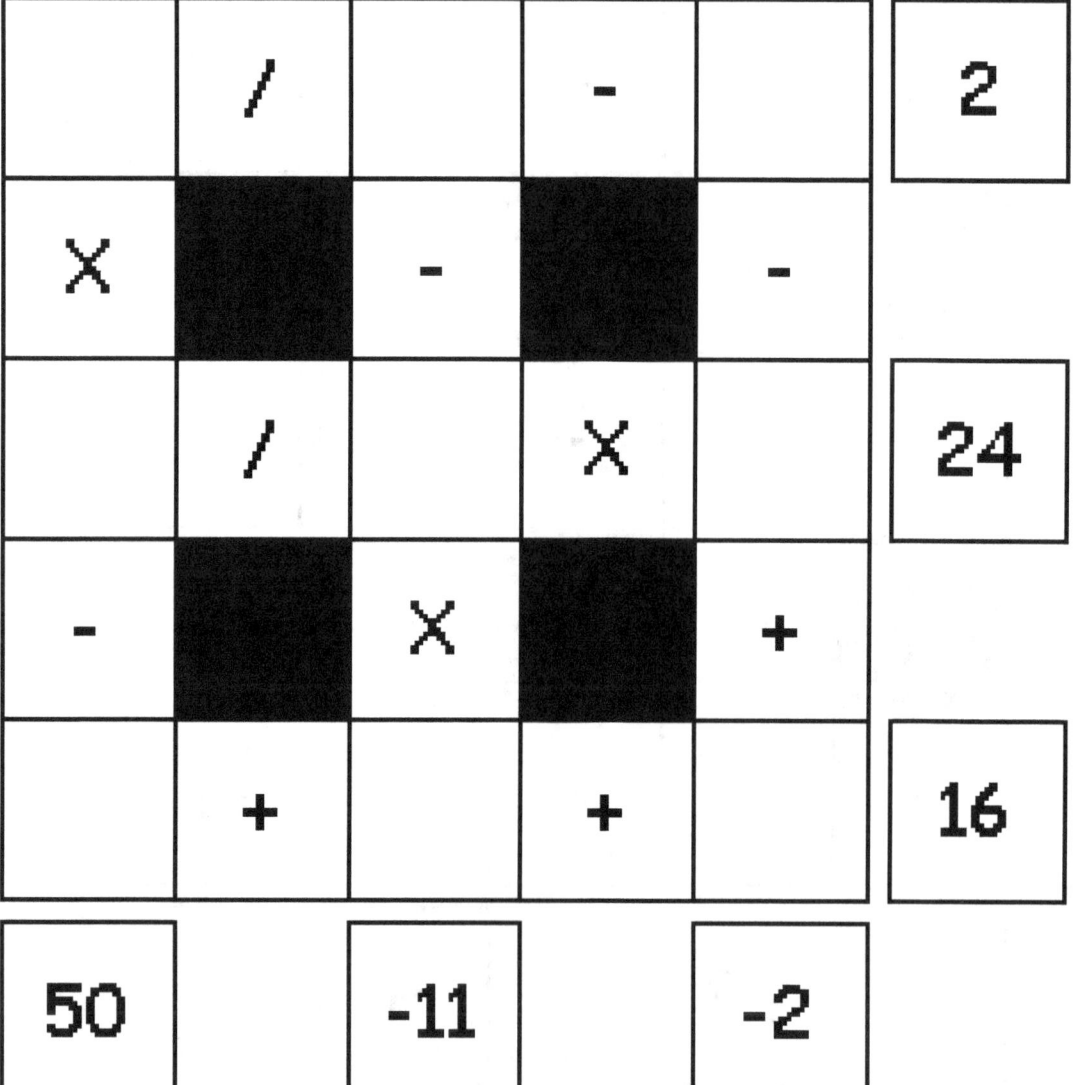

Work Puzzle 35

	-		+		4
-	■	x	■	x	
	/		x		21
-	■	-	■	+	
	+		-		4

| -10 | | 9 | | 60 |

Work Puzzle 36

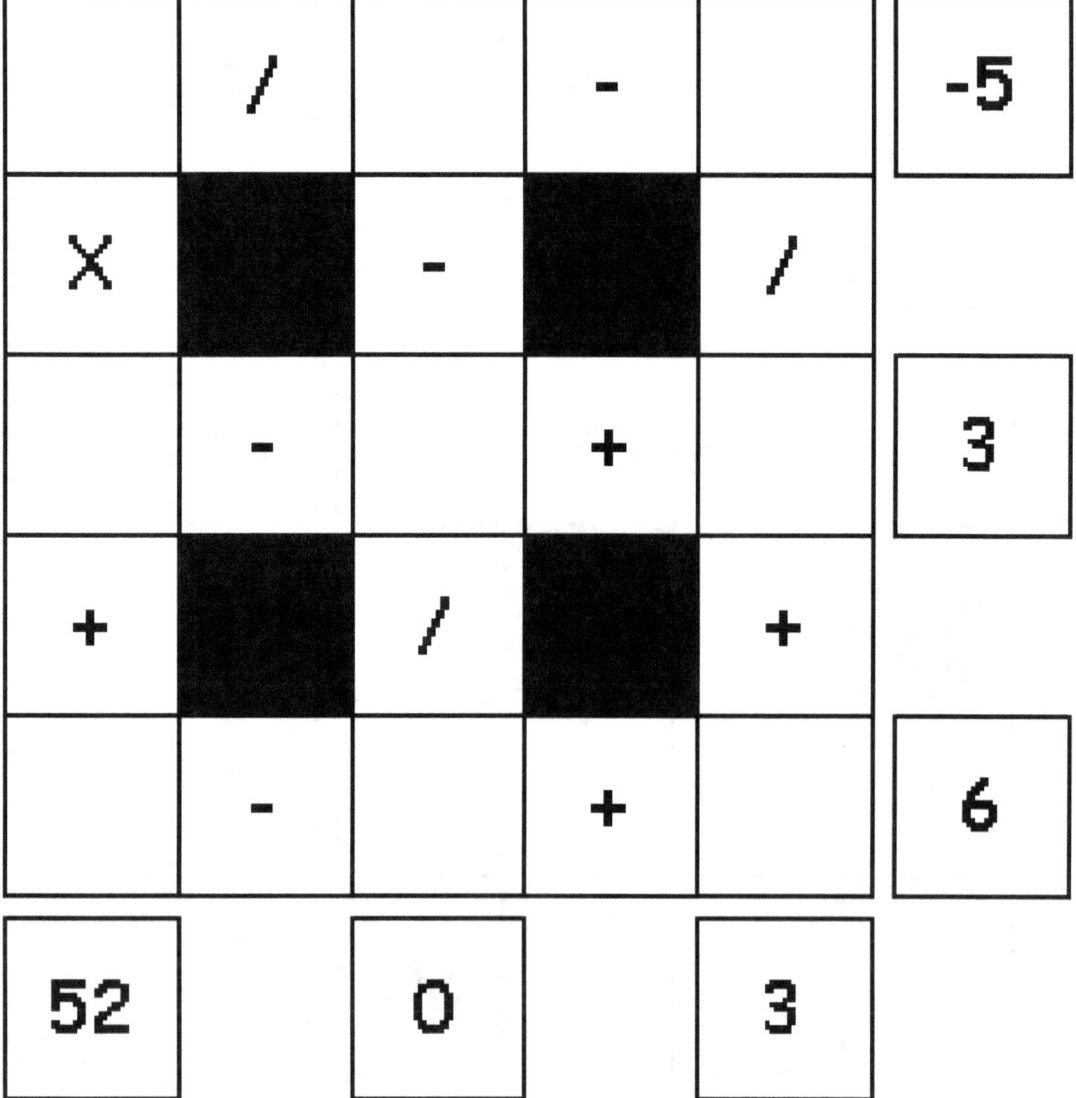

Work Puzzle 37

	x		−		−4
+	■	+	■	/	
	−		x		−3
+	■	x	■	x	
	+		+		20
16		33		14	

Work Puzzle 38

	+		×		50
−	■	×	■	+	
	×		−		20
×	■	−	■	×	
	×		+		29

| −10 | | 51 | | 15 |

Work Puzzle 39

	x		+		15
/	■	-	■	+	
	-		+		3
/	■	+	■	-	
	-		/		-1
1		4		9	

Work Puzzle 40

	+		×		13
+	■	−	■	−	
	/		−		−4
+	■	+	■	×	
	−		+		6
23		4		−17	

Work Puzzle 41

	×		−		1
+	■	×	■	+	
	−		×		−23
+	■	+	■	−	
	+		×		71
11		19		2	

Work Puzzle 42

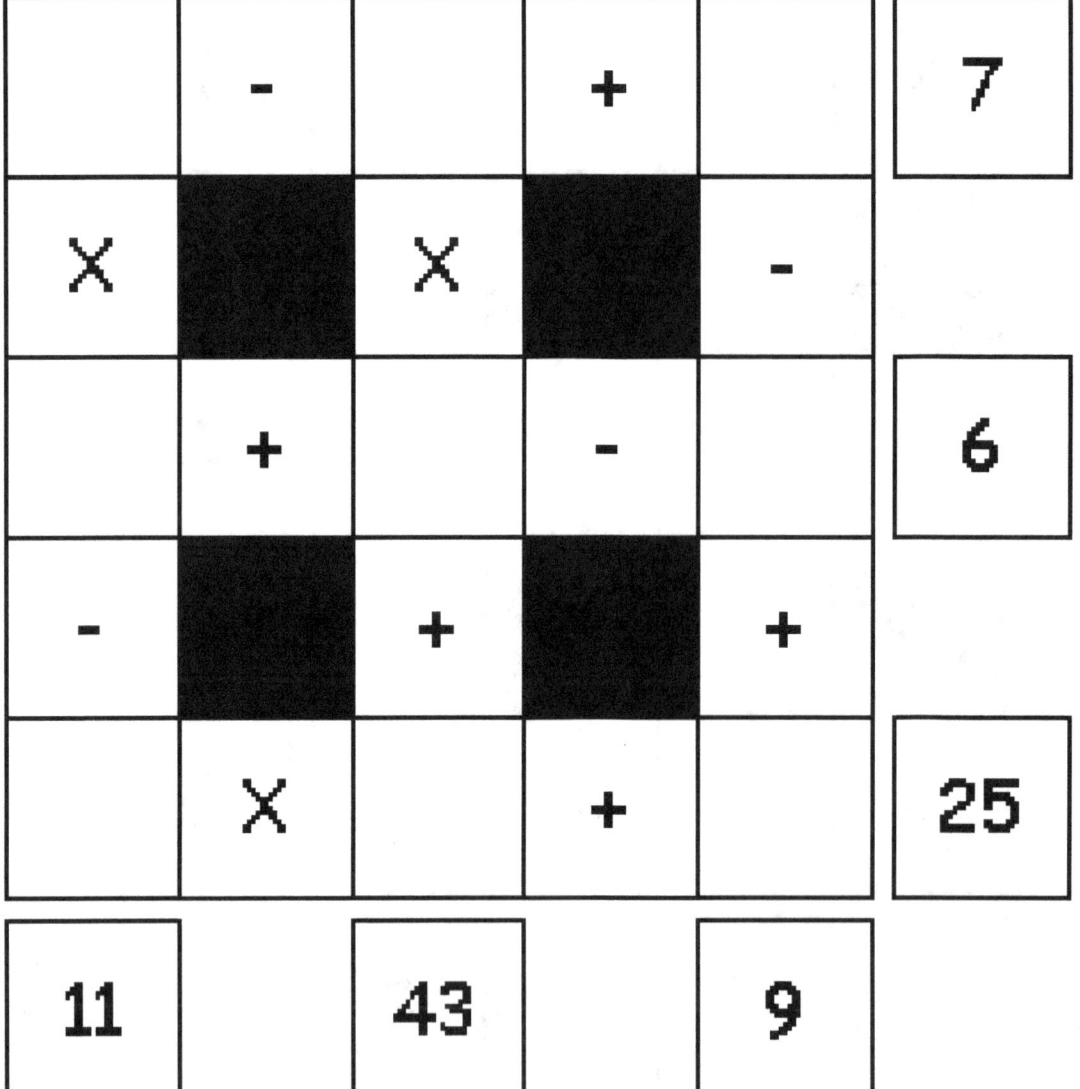

Work Puzzle 43

Work Puzzle 44

	+		×		71
/	■	+	■	+	
	−		×		−3
+	■	+	■	−	
	/		−		−2
10		11		10	

Work Puzzle 45

	+		+		19
/	■	×	■	+	
	×		/		6
×	■	−	■	−	
	×		−		−3
3		41		4	

Work Puzzle 46

	x		+		30
+	■	x	■	x	
	-		/		-3
-	■	-	■	-	
	x		-		14
0		51		12	

Work Puzzle 47

	-		+		11
+	■	-	■	-	
	+		-		4
+	■	-	■	/	
	X		+		7
16		-7		3	

Work Puzzle 48

	+		−		10
×	■	+	■	−	
	−		+		12
+	■	+	■	/	
	+		+		15
39		18		0	

Work Puzzle 49

	+		×		13
/	■	+	■	+	
	−		+		0
×	■	−	■	−	
	−		−		-11
4		6		2	

www.ingramcontent.com/pod-product-compliance
Lightning Source LLC
Chambersburg PA
CBHW060426220526
45465CB00008B/3025